PTEROS SAUROS DO BRASIL

ESCANEIE ESTE QR CODE PARA DESCOBRIR MATERIAL COMPLEMENTAR PARA A IMERSÃO NO UNIVERSO DOS PTEROSSAUROS. OU ACESSE WWW.EDITORAPEIROPOLIS.COM.BR/PTEROSSAUROS

PTEROSSAUROS DO BRASIL

Luiz E. Anelli

Ilustrações
Julio Lacerda

Um tesouro da nossa pré-história até agora desconhecido dos brasileiros

editora Peirópolis

Tropeognathus mesembrinus,
o maior pterossauro já descoberto no Brasil, com nove metros de envergadura.

Para André Celligoi, querido professor,
que acendeu em minha alma a primeira
chama do amor pela pré-história do Brasil.

SUMÁRIO

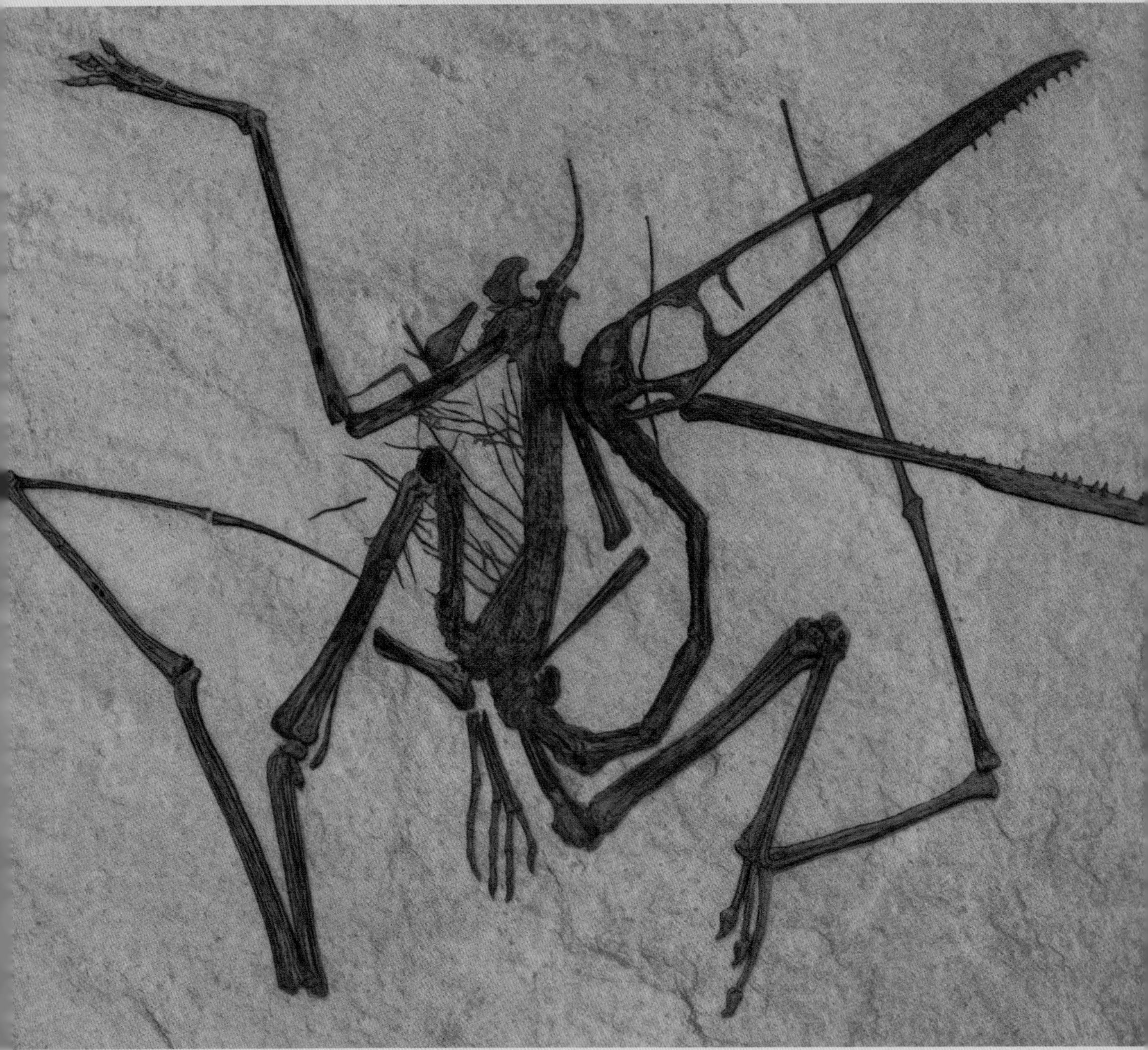

Pterodactylus, o primeiro esqueleto descoberto de um réptil voador. Ele viveu onde hoje fica a Alemanha, 150 milhões de anos atrás, no final do período Jurássico. Sua fama levou muita gente a achar que todos os répteis voadores eram pterodáctilos.

SE AINDA HOJE EXISTEM MISTÉRIOS

sobre a vida desses incríveis animais, imagine o que os naturalistas pensavam em 1784, quando o primeiro esqueleto de um desses répteis foi descoberto! Muito diferente de tudo o que conheciam até aquela época, aquilo que haviam achado talvez fosse um novo animal aquático. A confusão provocada entre os cientistas era tanta que alguns consideraram tratar-se de um tipo de morcego, enquanto outros imaginavam ser uma ave.

Um deles achou até que fosse um marsupial voador, primo próximo do gambá! Foi por volta de 1800 que alguns cientistas perceberam que se tratava de outro animal. Acreditassem ou não, aquele esqueleto era de um réptil desconhecido que aprendeu a voar muito antes dos dinossauros e dos mamíferos.

Embora aquele novo animal soubesse nadar, não era aquático, nem um morcego, muito menos um marsupial, e nem mesmo uma ave ou qualquer outra espécie de dinossauro.

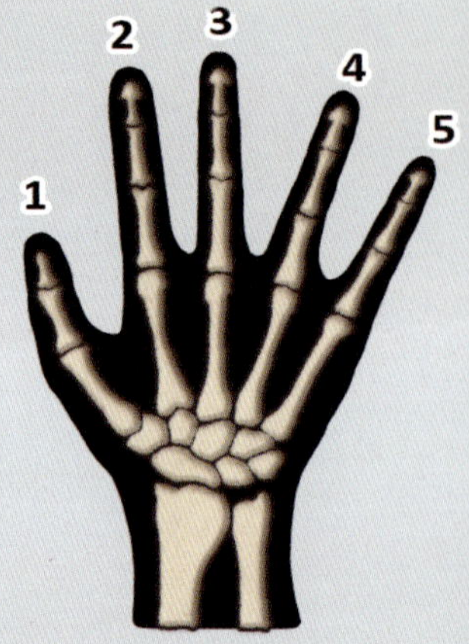

As asas das aves são compostas por penas sustentadas pelos braços e pelas mãos de dedos fundidos. As dos morcegos são formadas de pele esticada entre os braços e os dedos longos. E as asas dos pterossauros eram estendidas entre os braços e o longo quarto dedo.

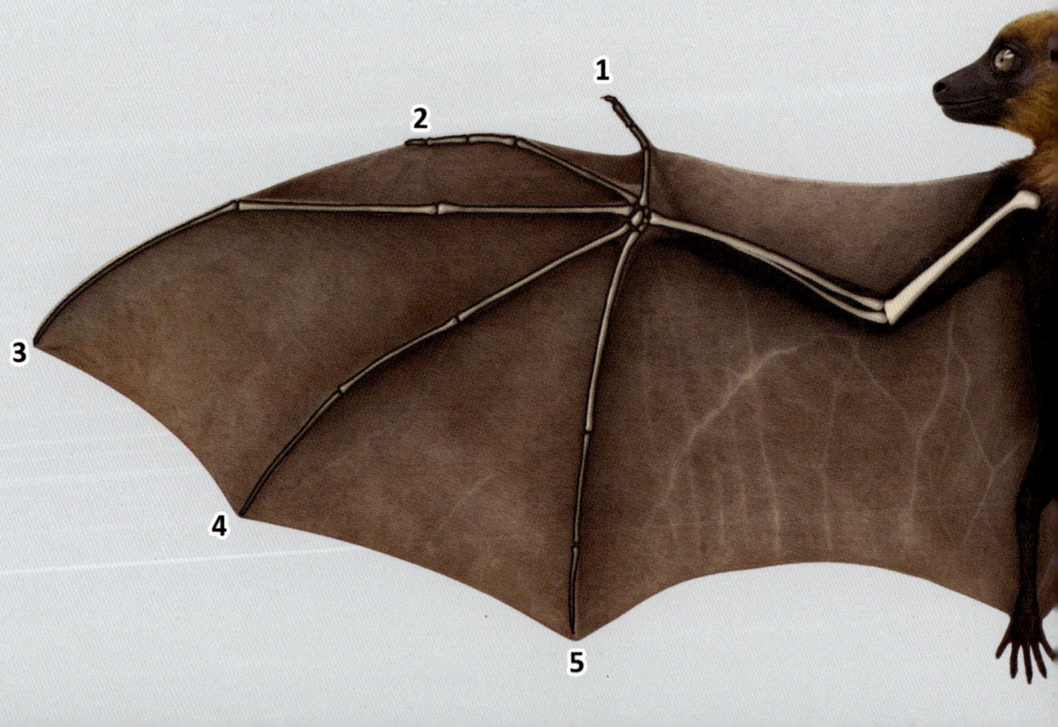

ESSES INCRÍVEIS RÉPTEIS VOADORES GANHARAM O NOME DE **PTEROSSAUROS**, QUE SIGNIFICA LAGARTO ALADO.

O esqueleto do pterossauro mais antigo foi descoberto na Itália, um fóssil de 219 milhões de anos de idade: o *Eudimorphodon*, que tinha o tamanho de uma garça, era cabeçudo e usava os dentões para capturar peixes. E, pasme, seu corpo era coberto com plumas, as mesmas que milhões de anos mais tarde dariam origem às penas dos dinossauros não voadores e das aves.

AS PENAS FORAM INVENTADAS PELOS RÉPTEIS E SÃO MAIS ANTIGAS DO QUE OS CIENTISTAS IMAGINAVAM.

Enquanto outro fóssil de réptil voador mais antigo não for encontrado, o *Eudimorphodon* pode ser considerado o primeiro pterossauro do mundo. (Talvez não seja, mas dizemos que ele é por ser o mais antigo que conhecemos.)

Os últimos pterossauros foram extintos com os dinossauros, 65,5 milhões de anos atrás, quando um asteroide atingiu a Terra. Fazendo as contas, os pterossauros viveram por um tempo respeitável: **QUASE 154 MILHÕES DE ANOS**.

Ao contrário dos dinossauros, que deixaram muitos descendentes, **NENHUM PTEROSSAURO SOBREVIVEU.** E é uma pena que eles não existam mais, pois eram animais majestosos.

Eudimorphodon, o pterossauro mais antigo conhecido. Repare que ele ainda tinha uma cauda longa que, assim como as plumas, foi herdada de seus ancestrais não voadores.

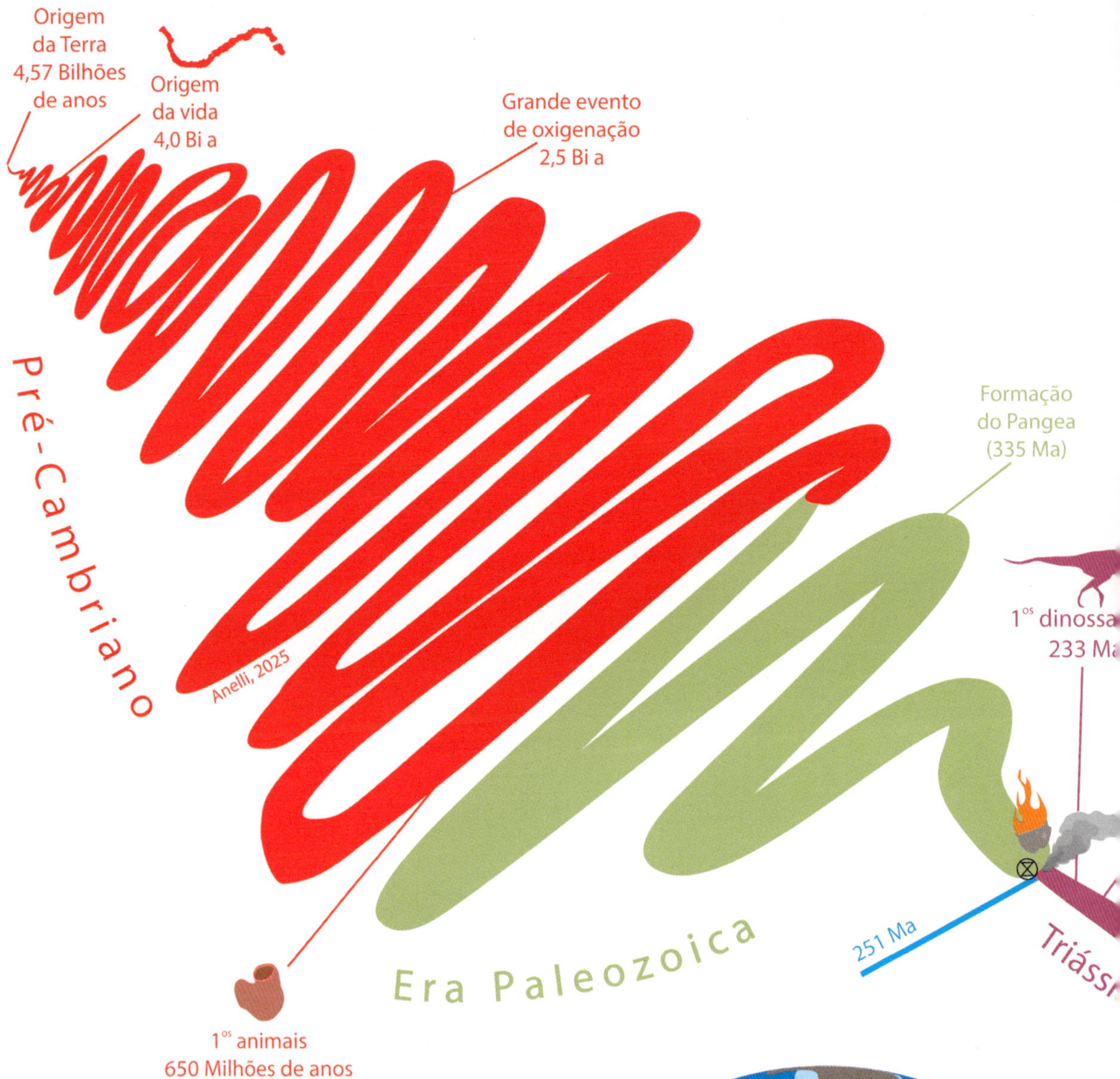

230 Ma

A Era Mesozoica foi muito especial para a história da Terra. Nesse tempo, nasceram os continentes e oceanos que conhecemos e boa parte da biologia que nos cerca, incluindo os mamíferos, as aves e as plantas com flores. Foi nessa era que os dinossauros reinaram em terra firme, que os grandes répteis ocuparam os mares, enquanto os pterossauros eram os senhores do céu.

PTEROSSAUROS NO TEMPO GEOLÓGICO

IMPACTOS DE ASTEROIDES

IMENSOS VULCANISMOS

EXTINÇÕES EM MASSA

O BRASIL NA PRÉ-HISTÓRIA

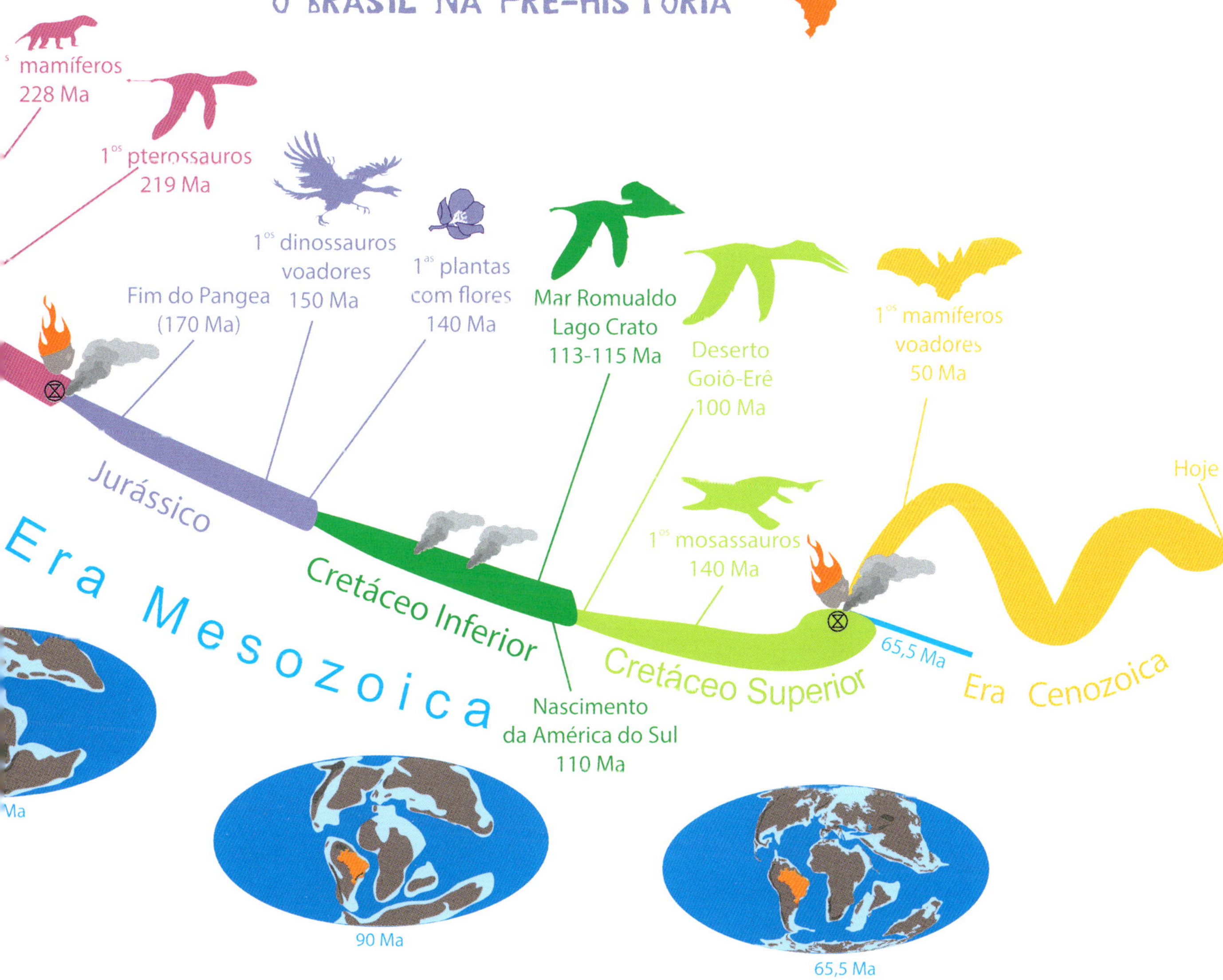

ANCESTRAIS DOS PTEROSSAUROS

Muitas perguntas sobre a vida dos pterossauros ainda estão sem resposta. Como e quando esses répteis aprenderam a voar? Em que lugar do supercontinente Pangea isso aconteceu? Quem foram seus ancestrais imediatos?

POR QUE OS DINOSSAUROS VOADORES SOBREVIVERAM E OS PTEROSSAUROS, NÃO?

O gaúcho *Venetoraptor gassenae* (230 Ma) tinha longas garras nas mãos, ótimas para escalar árvores e rochedos, e o bico recurvado, como de águia, quem sabe para arrancar pedaços de carne de suas presas.

Para nossa sorte, fósseis muito raros de alguns ancestrais dos pterossauros já foram encontrados em rochas brasileiras. Será que o primeiro pterossauro também viveu no Brasil?

QUEM SABE SERÁ VOCÊ O PALEONTÓLOGO (OU A PALEONTÓLOGA!) QUE DESCOBRIRÁ O ESQUELETO DO PTEROSSAURO MAIS ANTIGO DO MUNDO E RESPONDERÁ A TODAS ESSAS PERGUNTAS?

O esqueleto do *Ixalerpeton polesinensis* (233 Ma) foi encontrado no Rio Grande do Sul, ao lado do mais antigo dinossauro conhecido, o *Buriolestes schultzi*.

Ágeis voadores, os pterossauros tiveram grande sucesso tanto em terra firme quanto na água e no ar. Coloridos, inteligentes, dentuços ou banguelas, imensos ou pequeninos, exploraram o mundo inteiro.

DESERTOS, FLORESTAS, MONTANHAS, PLANÍCIES, RIOS, LAGOS OU MARES, LÁ ESTAVAM OS PTEROSSAUROS!

Alguns pterossauros carnívoros caçavam pequenos dinossauros, já outros se aventuravam em perigosas pescarias. Outros ainda preferiam coletar insetos em pleno voo. Havia aqueles que, como os flamingos de hoje, filtravam plâncton nas lagoas. E não faltava a turma dos vegetarianos, nem os durófagos, aqueles que se alimentam de material duro, capazes de quebrar, com os dentes, conchas de moluscos e carapaças de caranguejos.

Um *Dsungaripterus* durófago esmaga um caranguejo.

Um pterossauro *Anhanguera* captura um peixe.

Um anurognatídeo coleta um inseto.

O *Pterodaustro* filtrava pequenos organismos na água com seus mil dentes.

Sabemos que os pterossauros viveram no mundo inteiro porque seus fósseis são encontrados em todos os continentes, incluindo a Antártica e a Austrália, e até em ilhas, como a Groenlândia e o Japão. Mas, como todos os bichos, eles tinham locais prediletos para habitar.

O BRASIL ERA UM DOS LUGARES PREFERIDOS DOS PTEROSSAUROS.

Cerca de trinta espécies já foram descobertas em três sítios paleontológicos brasileiros. Os dois primeiros, verdadeiros jardins do Éden, ficam na chapada do Araripe, no Ceará; o outro, um lugar onde os pterossauros se reuniam em colônias, na cidade de Cruzeiro do Oeste, no Paraná. Assim como os dinossauros pisaram em cada centímetro do que hoje é o Brasil, os pterossauros voaram por cada pedaço do céu. No entanto, só encontramos seus fósseis nas rochas do tempo em que viveram e que hoje aparecem na superfície terrestre.

Veja no mapa se você mora perto de algum lugar que tenha rochas do período Cretáceo, onde talvez possa descobrir os fósseis de uma nova espécie.

PTEROSSAUROS DO BRASIL
CRETÁCEO SUPERIOR
CRETÁCEO INFERIOR
TRIÁSSICO SUPERIOR
(ESPÉCIES ANCESTRAIS)
Anhanguera piscator (2000)
Aymberedactylus cearensis (2016)
Tapejara wellnhoferi (1989)
Barbosania gracilirostris (2011)
Tropeognathus mesembrinus (1987)
Tupandactylus imperator (1997)
Caupedactylus ybaka (2013)
Kariridraco dianae (2021)
Unwindia trigonus (2011)
Banguela oberlii (2014)
Cearadactylus atrox (1985)
Thalassodromeus sethi (2002)
Ludodactylus sibbicki (2003)
Brasileodactylus araripensis (1984)
Tupandactylus navigans (2003)
Tupuxuara deliradamus (2009)
Arthurdactylus conandoylei (1994)
Tupuxuara longicristatus (1988)
Nyctosaurus lamegoi (1953)
Ixalerpeton polesinensis (2016)
Venetoraptor gassenae (2023)
AP
PA
MA
CE
RN
PI
PB
PE
AL
SE
TO
BA
GO
MG
ES
RJ
SP
PR
SC
RS

PTEROSSAUROS DO BRASIL

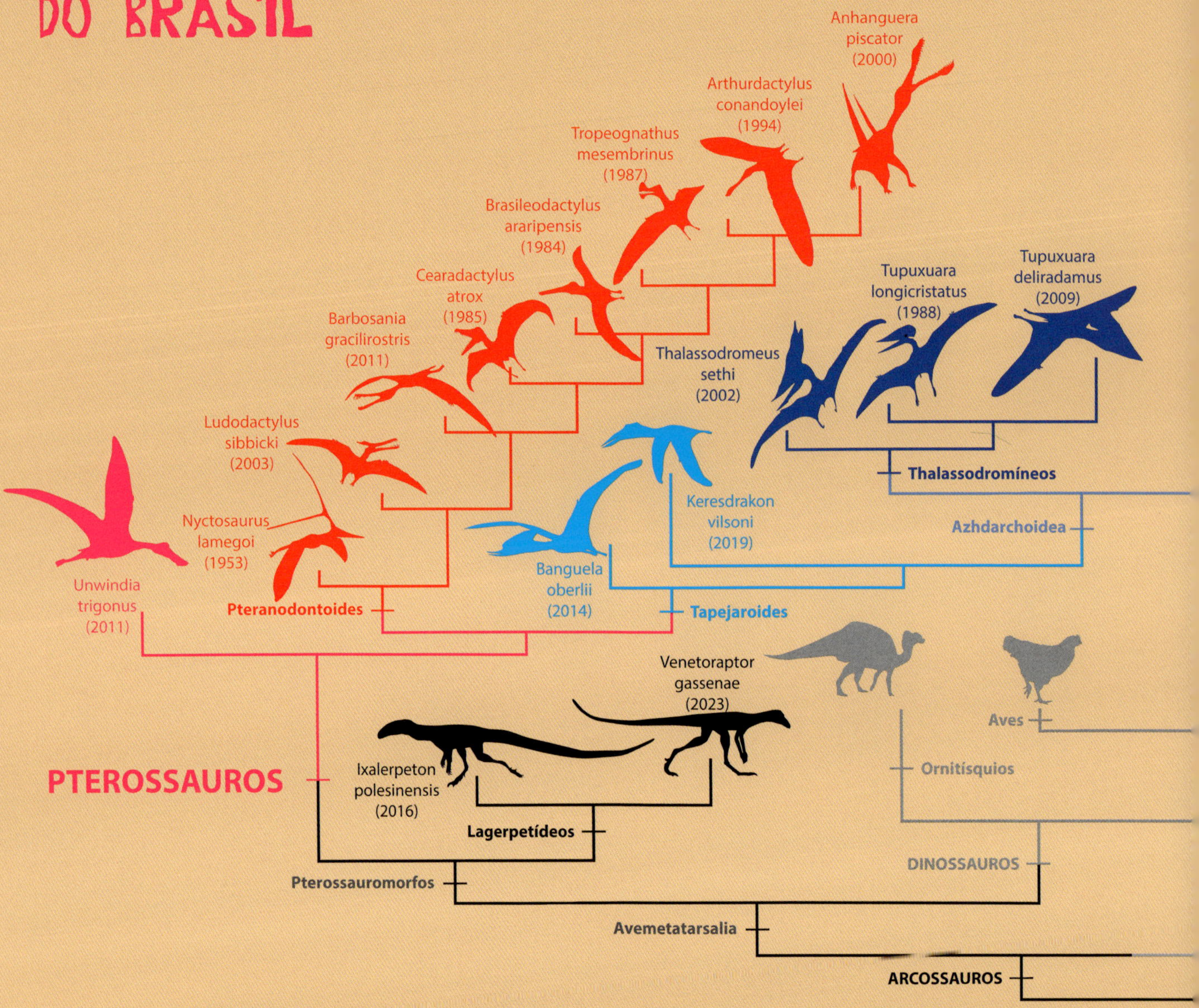

A árvore genealógica mostra que os pterossauros não eram dinossauros, mas seus primos próximos, primos distantes dos crocodilos e mais distantes ainda dos lagartos, cobras e mosassauros. Ela também mostra que os répteis aprenderam a voar duas vezes ao longo de sua história. Primeiro, foram os pterossauros, no final do período Triássico. Setenta milhões de anos mais tarde, no final do período Jurássico, foi a vez dos dinossauros, que hoje chamamos de aves.

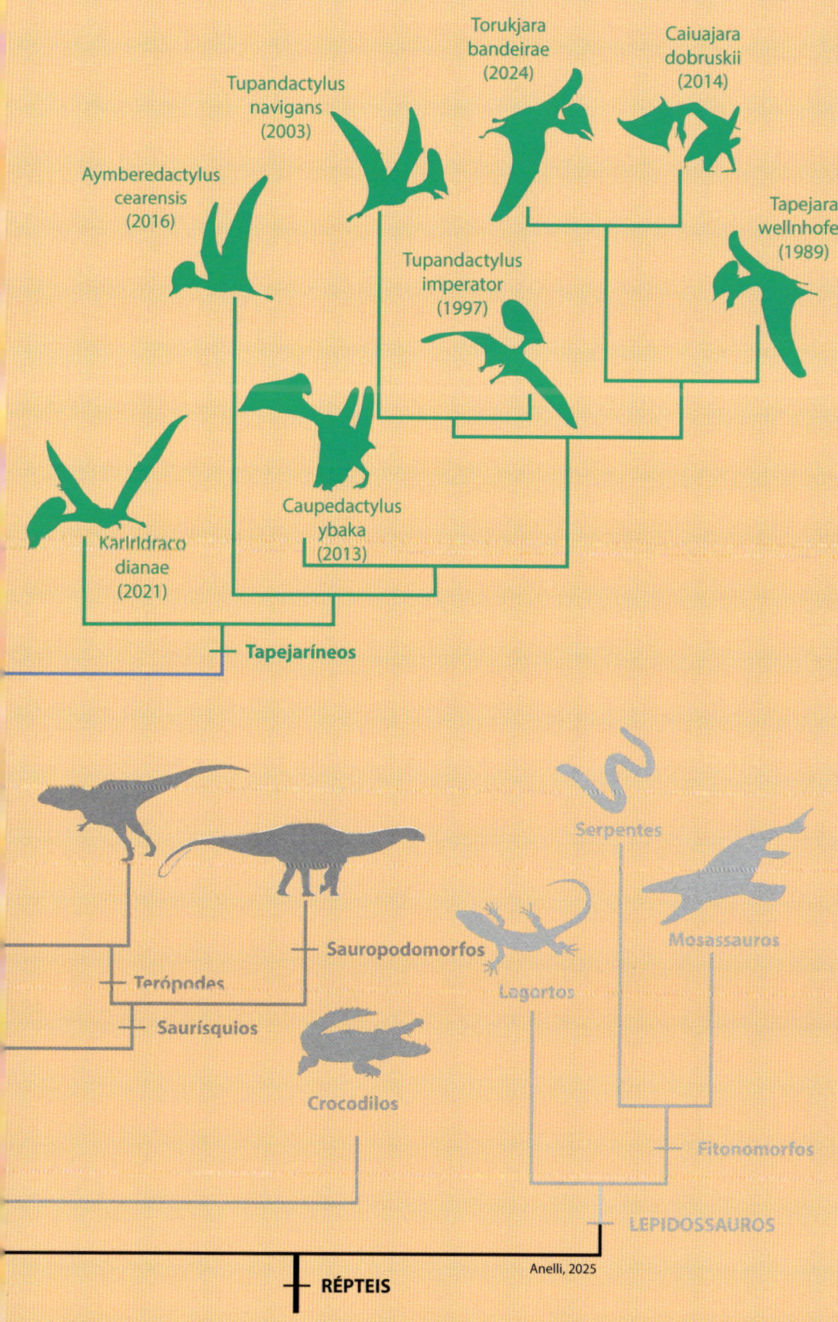

Como todos os pterossauros brasileiros que conhecemos viveram no período Cretáceo, não abrigamos as espécies antigas, aquelas que tinham cauda comprida. Mas nossos pterossauros tinham cristas incríveis no bico ou no alto da cabeça e foram reunidos em dois grupos principais: os quase sempre dentuços pteranodontoides e os sempre banguelas tapejaroides.

O LAGO CRATO (CEARÁ)

Na pré-história, o lago Crato estava entre os dez principais portais da eternidade. Hoje, suas rochas nos revelam fragmentos de pele e órgãos petrificados, e até microestruturas de células de 115 milhões de anos de idade.

LUDODACTYLUS SIBBICKI

Os pterossauros se comunicavam de diferentes maneiras com parceiros e filhotes, com o bando todo, com rivais e até com dinossauros e jacarés. **ELES TINHAM VIDA SOCIAL INTENSA**. Com cristas enormes e coloridas, estalos e grasnados e voos rasantes, chamavam a atenção de todos. Até o cocô que faziam avisava: "Ei, este lugar tem dono".

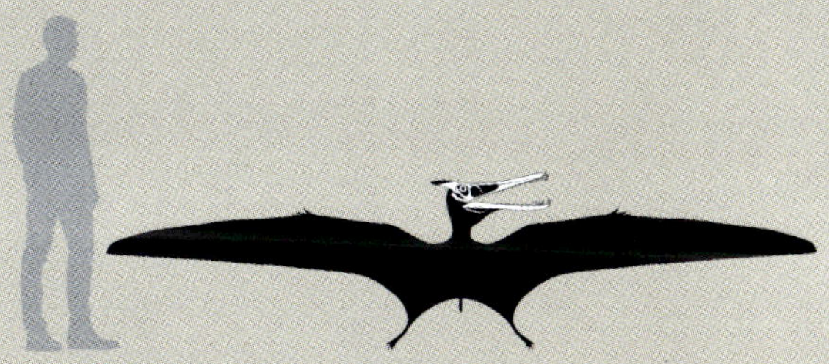

Nome científico

Ludodactylus sibbicki (Frei et al., 2003)

Significado do nome

Ludo significa "brinquedo", porque sua crista e dentes lembram o crânio dos primeiros brinquedos do famoso *Pteranodon*, e *dactylus*, "dedo"; *sibbicki*, homenagem a John Sibbick, paleoartista autor de desenhos de pterossauros.

Onde foi encontrado

Chapada do Araripe, Ceará

Formação geológica

Formação Crato

Idade

Período Cretáceo – 115 milhões de anos

Envergadura

4 metros

O *Ludodactylus* tinha um equipamento extra: um grande papo inflável e colorido. Ele balançava o papo cheio de ar de um lado para outro para atrair parceiros. Para afastar intrusos, assobiava bem alto enquanto soltava o ar: *FIIIIIIIIIIIUUUU!!!*

O papo servia também como sacola para carregar alimentos até o ninho onde estavam os filhotes.

Mas a vida não era só alegria. O *Ludodactylus* morreu engasgado! Uma planta entalou no seu papo impedindo que ele fechasse a boca. Sem conseguir comer, morreu de fome.

ARTHURDACTYLUS CONANDOYLEI

A cabeça do *Arthurdactylus* ainda não foi encontrada. Talvez tenha se soltado enquanto seu corpo flutuava e se decompunha nas águas do lago Crato. **ELA PODE ESTAR ESCONDIDA DENTRO DA ROCHA EM ALGUM LUGAR DO CEARÁ.**

Era fácil reconhecer o *Arthurdactylus* entre as diferentes espécies que visitavam o lago. Ele era meio esquisito: suas asas eram maiores que as dos outros; já as pernas, bem menores.

Nome científico

Arthurdactylus conandoylei (Frei e Martili, 1994)

Significado do nome

Arthurdactylus conandoylei é uma homenagem ao escritor inglês Arthur Conan Doyle, que incluiu diversos pterossauros em sua obra *O mundo perdido*.

Onde foi encontrado

Chapada do Araripe, Ceará

Formação geológica

Formação Crato

Idade

Período Cretáceo – 115 milhões de anos

Envergadura

4,60 metros

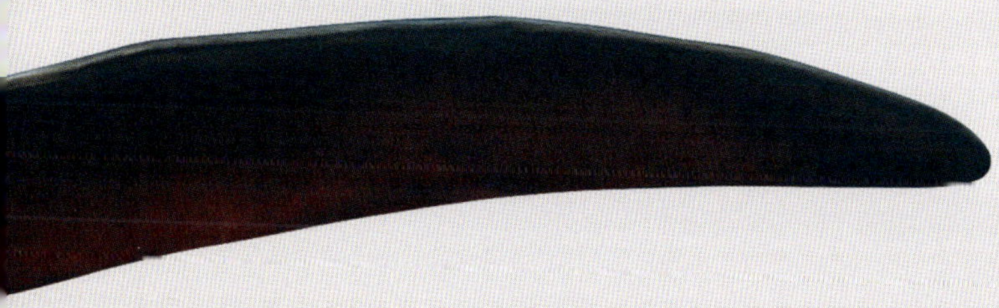

Com asas enormes, o *Arthurdactylus* planava durante semanas e até meses sem fazer paradas, como as grandes fragatas de hoje, aves que vivem em ilhas do oceano Pacífico. E, assim como essas aves, o *Arthurdactylus* ligava o piloto automático e dormia enquanto voava!

Como eram muito lentos e desajeitados em terra, esses répteis voadores resolveram o problema morando no ar! Só aterrissavam na época de namorar e cuidar dos filhotes.

AQUILO É QUE ERA VIVER NAS NUVENS!

AYMBEREDACTYLUS CEARENSIS

Só um osso do *Aymberedactylus* foi encontrado: uma mandíbula banguela. Após sua morte, muita coisa pode ter acontecido com o restante do esqueleto. Animais mortos são quase sempre comidos por bichos famintos. Em poucos dias, toda a carne sumia e os ossos ficavam espalhados pelo chão.

No lago Crato, a vida não era fácil, e um exército de esfomeados estava sempre à espreita aguardando o próximo cadáver.
Mas como será que ele morreu?

Será que um *Calamopleurus*, peixe voraz, atacou o *Aymberedactylus* enquanto se refrescava na margem do lago? Não sabemos. Ou um grupo de crocodilos *Susisuchus* o surpreendeu enquanto se distraía com um peixe que acabara de pescar? Pode ser. Ele pode até ter morrido afogado, pois ainda era jovem e não havia aprendido a nadar. Mais tarde, no fundo do lago, uma cambada de caranguejos o despedaçou, espalhando seus ossos. Vai saber...

FOI SORTE UMA MANDÍBULA TER SIDO FOSSILIZADA.

Nome científico

Aymberedactylus cearensis (Pêgas et al., 2016)

Significado do nome

Aymbere, do tupi, significa "lagarto pequeno", e *dactylus*, "dedo"; *cerarensis* se refere ao Estado do Ceará.

Onde foi encontrado

Chapada do Araripe, Ceará

Formação geológica

Formação Crato

Idade

Período Cretáceo –115 milhões de anos

Envergadura

1,50 metro

Seus outros 105 ossos podem estar ainda espalhados pelas rochas do Ceará ou ter sido transformados em cocô, caso tenham sido engolidos por um grande dinossauro. Ninguém sabe, ninguém viu.

TUPANDACTYLUS IMPERATOR

O *Tupandactylus imperator* era o oposto do *Arthurdactylus*: suas asas é que eram pequenas e as pernas e o pescoço, enormes. Por isso, diferentemente do *Arthurdactylus*, que praticamente morava no ar, o *Tupandactylus* gostava mesmo era do chão, onde encontrava sementes e pequenos animais para comer.

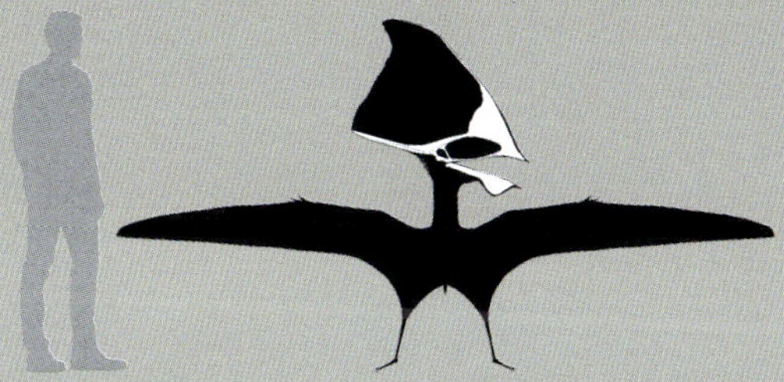

Nome científico

Tupandactylus imperator (Campos e Kellner, 1997)

Significado do nome

Tupã, do tupi, significa "trovão", *dactylus*, "dedo"; *imperator* vem de imperador.

Onde foi encontrado

Chapada do Araripe, Ceará

Formação geológica

Formação Crato

Idade

Período Cretáceo – 115 milhões de anos

Envergadura

7,50 metros

Mas o que fazia dele um bicho esquisito era sua crista. Feita de uma membrana de couro estendida entre duas hastes ósseas, imensa e colorida, a crista o deixava extravagante, nada discreto. Se, por um lado, era bom chamar a atenção dos membros da sua espécie, por outro, era fácil ser visto por predadores.

PARA ESCAPAR DE UM ATAQUE, TOMAVA IMPULSO COM AS PERNAS E SE LANÇAVA AO AR BATENDO AS ASAS COM VELOCIDADE.

TUPANDACTYLUS NAVIGANS

Um esqueleto completo de *Tupandactylus navigans* foi encontrado nas rochas do antigo lago Crato, incluindo algumas de suas partes moles. O fundo do lago era um lugar especial.

Assim que morreu, seu corpo submergiu até a lama no fundo do lago. Nenhum peixe, camarão, caranguejo ou qualquer outro carniceiro conseguia chegar lá para devorá-lo, pois naquela profundidade não havia oxigênio para respirar.

Nome científico
Tupandactylus navigans (Frey et al., 2003)

Significado do nome
Tupã, na língua tupi, significa "trovão", e *dactylus*, "dedo"; *navigans* quer dizer navegação, referência à crista semelhante à vela de embarcação.

Onde foi encontrado
Chapada do Araripe, Ceará

Formação geológica
Formação Crato

Idade
Período Cretáceo – 115 milhões de anos

Envergadura
2,35 metros

O banquete foi servido apenas para bactérias capazes de viver em lugares assim. Enquanto faziam a festa, esses microorganismos cobriam com minerais os restos do *Tupandactylus*, petrificando seus tecidos, como a pele da enorme crista e o bico feito de queratina, partes muito difíceis de fossilizar.

Essas bactérias petrificaram também o coração de um peixe, as veias e músculos de um dinossauro, milhares de penas e cristas de outros pterossauros.

O LAGO CRATO NÃO ERA APENAS UM JARDIM DO ÉDEN PARA VIVER, MAS TAMBÉM O PARAÍSO DA FOSSILIZAÇÃO, ONDE IA PARAR, APÓS A MORTE, SÓ QUEM TINHA MUITA SORTE.

O MAR ROMUALDO (CEARÁ)

Se existiu um jardim do Éden na pré-história do mundo, onde animais e plantas exibiam, sem timidez, suas formas, cores e sons, esse foi o mar Romualdo. Por alguns milhões de anos, a vida brilhou nessa região sua existência, na terra, na água e no ar.

BARBOSANIA GRACILIROSTRIS

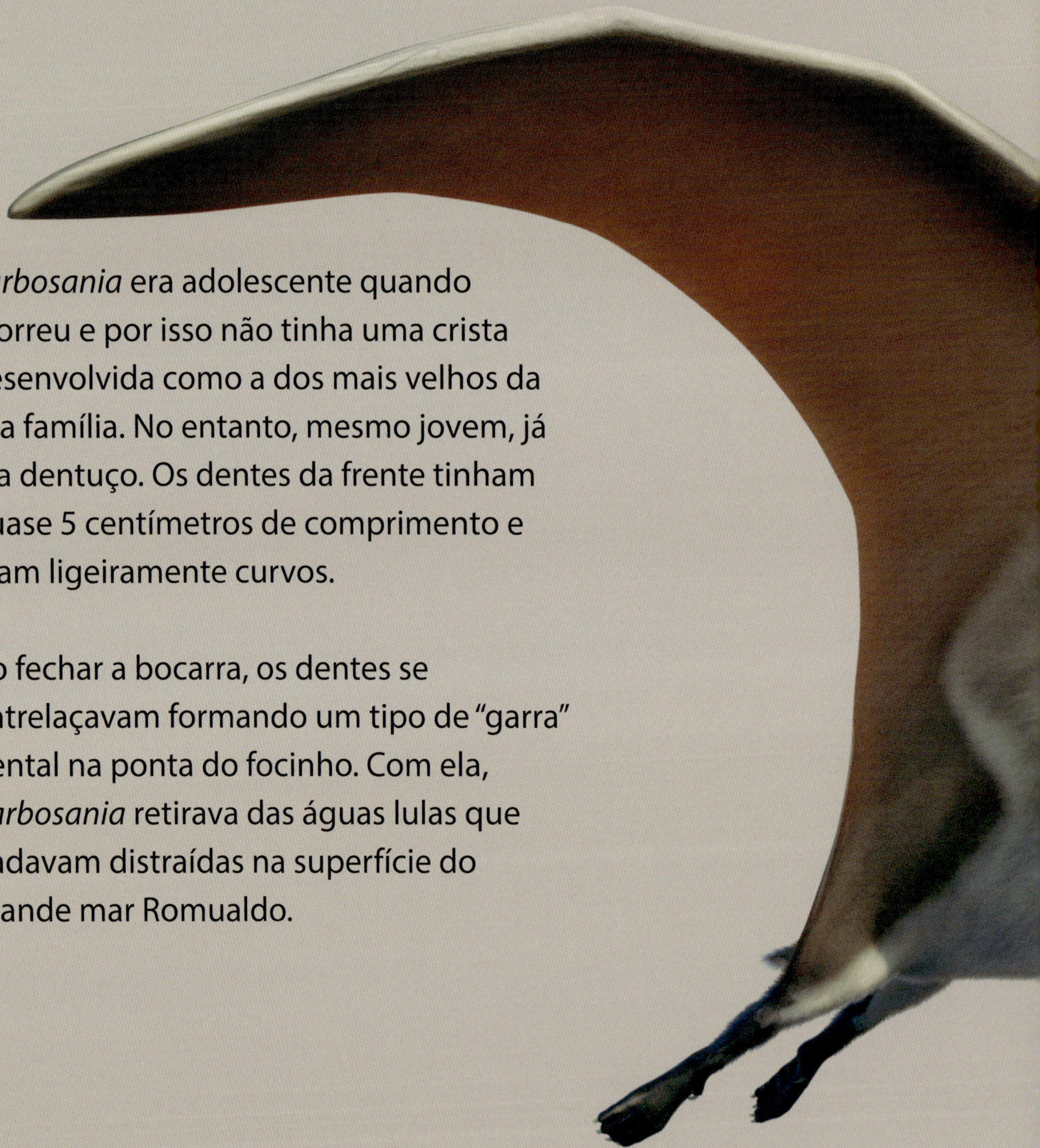

Barbosania era adolescente quando morreu e por isso não tinha uma crista desenvolvida como a dos mais velhos da sua família. No entanto, mesmo jovem, já era dentuço. Os dentes da frente tinham quase 5 centímetros de comprimento e eram ligeiramente curvos.

Ao fechar a bocarra, os dentes se entrelaçavam formando um tipo de "garra" dental na ponta do focinho. Com ela, *Barbosania* retirava das águas lulas que nadavam distraídas na superfície do grande mar Romualdo.

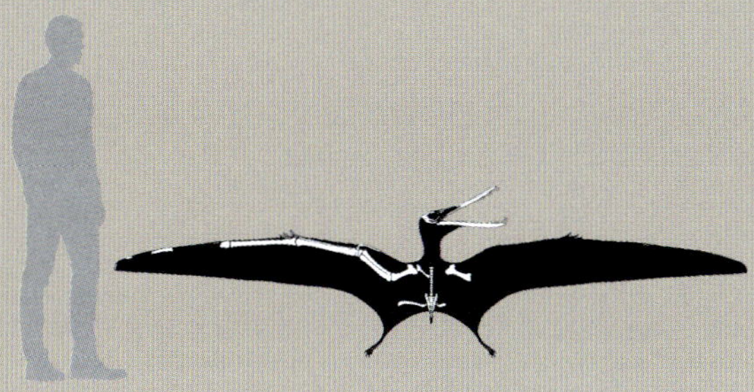

Nome científico

Barbosania gracilirostris (Elgin & Frey, 2011)

Significado do nome

Barbosania é uma homenagem ao professor Miguel Barbosa, do Museu de História Natural de Sintra, Portugal; *gracilirostris* significa "focinho delgado".

Onde foi encontrado

Chapada do Araripe, Ceará

Formação geológica

Formação Romualdo

Idade

113 milhões de anos

Envergadura

3,30 metros

COM 4 QUILOS GARANTIDOS DO VALIOSO FRUTO DO MAR, O BARBOSANIA PODERIA TIRAR O RESTO DO DIA DE FOLGA.

CEARADACTYLUS ATROX

A maioria dos pterossauros da região do mar Romualdo adorava comer peixes. O *Cearadactylus* tinha dentes enormes, como todos os pescadores, e um longo focinho, muito útil para pescaria.

E não era sem razão que eles eram piscívoros. Peixes são um superalimento, ricos em um tipo de gordura saudável chamada ômega 3, uma substância que previne doenças do coração. Têm também vitamina D, ótima para os ossos e os dentes, e vitamina B2, que ajuda as células a produzir energia, além de muito cálcio, fósforo, ferro, zinco, iodo, magnésio e potássio.

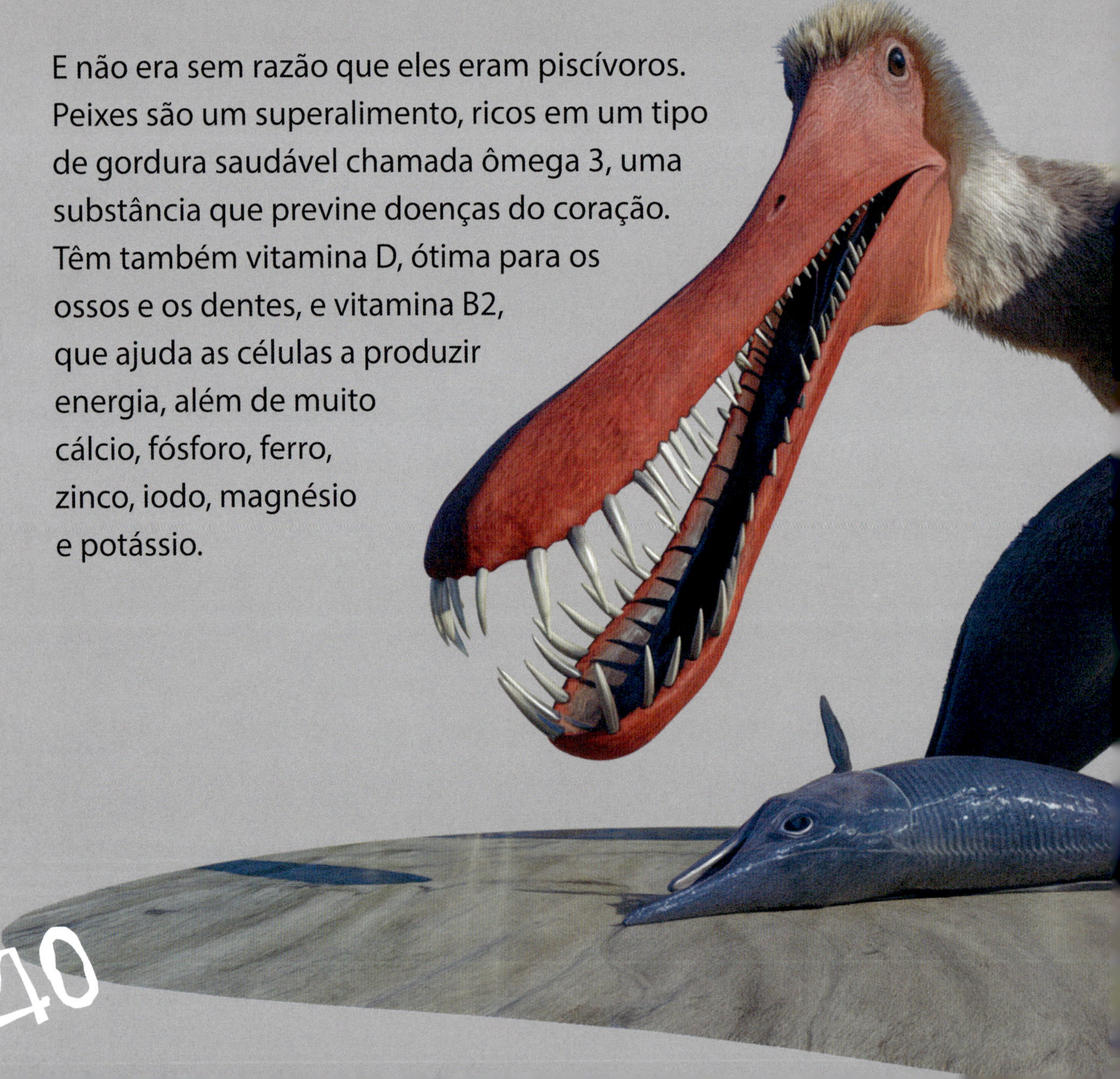

Como animais voadores e muito inteligentes, os pterossauros precisavam de tudo isso.

E TEM GENTE QUE ACHA QUE OS PTEROSSAUROS NÃO ERAM MUITO ESPERTOS!

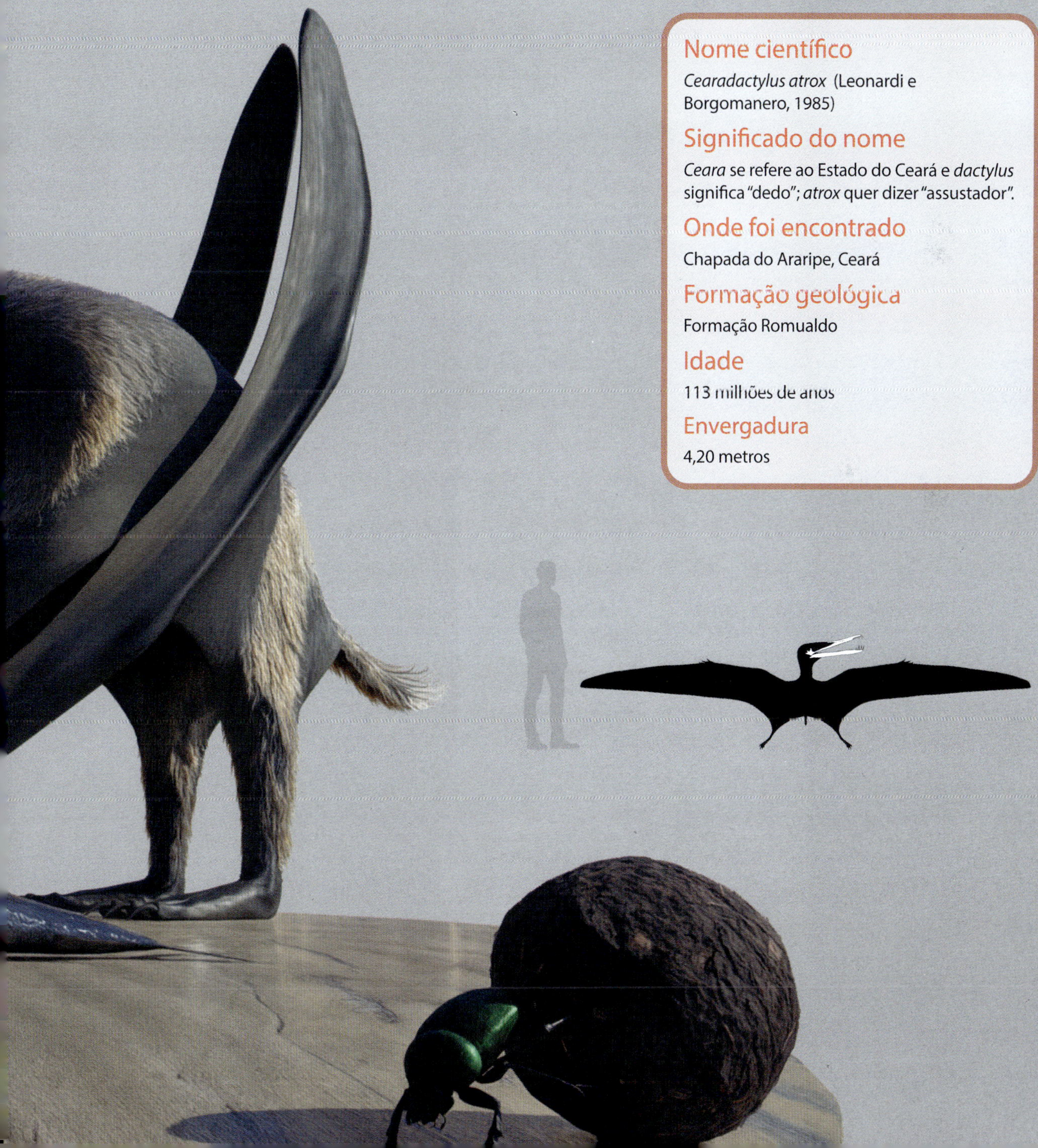

Nome científico

Cearadactylus atrox (Leonardi e Borgomanero, 1985)

Significado do nome

Ceara se refere ao Estado do Ceará e *dactylus* significa "dedo"; *atrox* quer dizer "assustador".

Onde foi encontrado

Chapada do Araripe, Ceará

Formação geológica

Formação Romualdo

Idade

113 milhões de anos

Envergadura

4,20 metros

BRASILEODACTYLUS ARARIPENSIS

Diferentemente de outros membros da sua família, o *Brasileodactylus* era "descristado", isto é, não tinha crista na cabeça ou no focinho. Várias razões determinam a presença ou não de uma crista. Aqui vão duas.

A primeira é que, assim como para nós, humanos, para esses pterossauros uma crista não teria nenhuma utilidade.

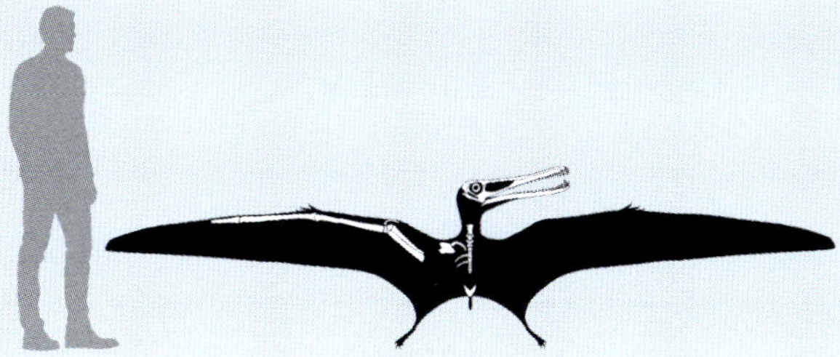

Nome científico
Brasileodactylus araripensis (Kellner, 1984)

Significado do nome
Brasileo significa "brasileiro", e *dactylus*, "dedo"; *araripensis* se refere à chapada do Araripe.

Onde foi encontrado
Chapada do Araripe, Ceará

Formação geológica
Formação Romualdo

Idade
113 milhões de anos

Envergadura
4 metros

A OUTRA POSSIBILIDADE É QUE APENAS OS MACHOS FOSSEM CRISTADOS, COMO É COMUM NAS AVES DE HOJE. UMA CRISTA GRANDE E COLORIDA PODIA SER TEMERÁRIA PARA OS RIVAIS OU CHARMOSA PARA AS FÊMEAS.

Se tiver sido esse o caso do fóssil do *Brasileodactylus*, é possível que esse esqueleto tenha pertencido a uma pterossaura, pois era mais comum que as fêmeas não tivessem crista.

ANHANGUERA PISCATOR

Cientistas do passado achavam que os pterossauros voavam de modo desajeitado e que, em vez de bater as asas, só conseguiam planar para lá e para cá. Hoje, sabemos que não era assim.

Os ossos dos pterossauros eram ocos, o que deixava esses animais leves e ágeis, e seus músculos eram tão poderosos que, quando batiam as asas, provocavam uma pequena ventania. Além disso, pterossauros tinham um osso a mais atrás de cada mão, o pteroide, osso exclusivo desses répteis voadores.

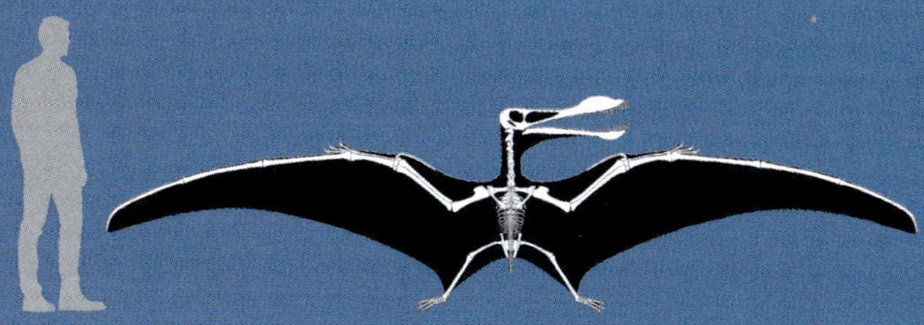

Nome científico

Anhanguera piscator (Kellner e Tomida, 2000)

Significado do nome

Anhanguera vem das palavras tupis *añanga*, que significa "espírito protetor dos animais", e *wera*, "passado", portanto "espírito protetor dos animais do passado"; *piscator* quer dizer "pescador".

Onde foi encontrado

Chapada do Araripe, Ceará

Formação geológica

Formação Romualdo

Idade

113 milhões de anos

Envergadura

5,20 metros

OS PTEROIDES SUSTENTAVAM PEQUENAS MEMBRANAS NA FRENTE DAS ASAS PRINCIPAIS, QUE FUNCIONAVAM COMO OS FLAPS DE UM AVIÃO. COM ELAS, O ANHANGUERA PISCATOR FAZIA ACROBACIAS INCRÍVEIS ENQUANTO CAPTURAVA PEIXES NA SUPERFÍCIE DO MAR.

TROPEOGNATHUS MESEMBRINUS

Era fácil reconhecer um *Tropeognathus* entre a multidão de espécies que frequentava as praias do antigo mar Romualdo.

Primeiro, pelas cristas enormes presentes na ponta do focinho. Não sabemos exatamente para que serviam, talvez para ajudar a cortar a água enquanto pescava. Ou, quem sabe, como leme para manobras aéreas. Podiam até mesmo servir para avisar quem era o chefe da região. E não é impossível que fossem usadas para tudo isso.

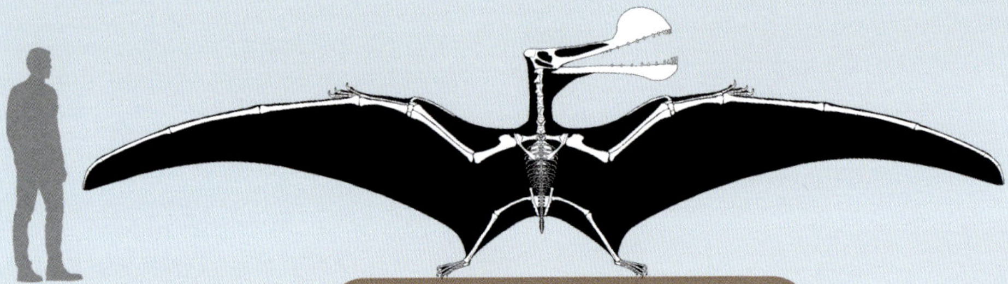

Nome científico

Tropeognathus mesembrinus (Wellnhofer, 1987 [Criorhynchus mesembrinus])

Significado do nome

Tropeognathus significa "mandíbula com quilha"; *mesembrinus*, "do sul"

Onde foi encontrado

Chapada do Araripe, Ceará

Formação geológica

Formação Romualdo

Idade

113 milhões de anos

Envergadura

8,30 metros

SEGUNDO, PORQUE ERA O MAIOR DA REGIÃO, UM GIGANTE DO TAMANHO DE UM PEQUENO AVIÃO.

E, terceiro, porque estava sempre na água, provavelmente descansando ou se refrescando, já que não era muito ágil em terra firme.

UNWINDIA TRIGONUS

Este é outro pterossauro misterioso...
Ninguém sabe onde conseguia comida: se na água, na terra ou no ar. Não é para menos. Tudo o que conhecemos dele é a ponta do focinho. Sem dentões e sem cristas, seu focinho era diferente daqueles vistos nos pescadores tradicionais.

VAI VER QUE, ÀS VEZES, QUANDO O MAR NÃO ESTAVA PRA PEIXE, ARRANJAVA SEU LANCHE DE OUTRO MODO.

Com um focinho longo e estreito, sem cristas, e com dentes pequenos, talvez conseguisse retirar vermes e pequenos crustáceos escondidos na areia das praias.

Nome científico

Unwindia trigonus (Martill, 2011)

Significado do nome

Unwindia é uma homenagem ao paleontólogo britânico David Unwin; *trigonus*, referência ao focinho triangular quando visto em corte transversal.

Onde foi encontrado

Chapada do Araripe, Ceará

Formação geológica

Formação Romualdo

Idade

113 milhões de anos

Envergadura

2 metros

BANGUELA OBERLII

O *Banguela* não foi o único pterossauro brasileiro banguela. Outros pterossauros também eram desdentados. No passado, os cientistas achavam que, assim como nas aves de hoje, um bico sem dentes deixaria o bicho mais leve, o que facilitaria voar. Atualmente sabemos que isso não é verdade, porque, no tempo dos dinossauros, a maioria dos pterossauros e das aves tinha dentes e voava muito bem.

Mesmo sem dentes, os *Banguela* se deram bem na vida. Mas isso não quer dizer que não precisamos mais cuidar dos nossos dentes. Hoje, temos os famosos vilões – doces, refrigerantes e café – e, para nós, mamíferos, a história é outra. Quando somos adultos, se um dente cai, não nasce outro no lugar, como acontecia nos pterossauros que tinham dentes.

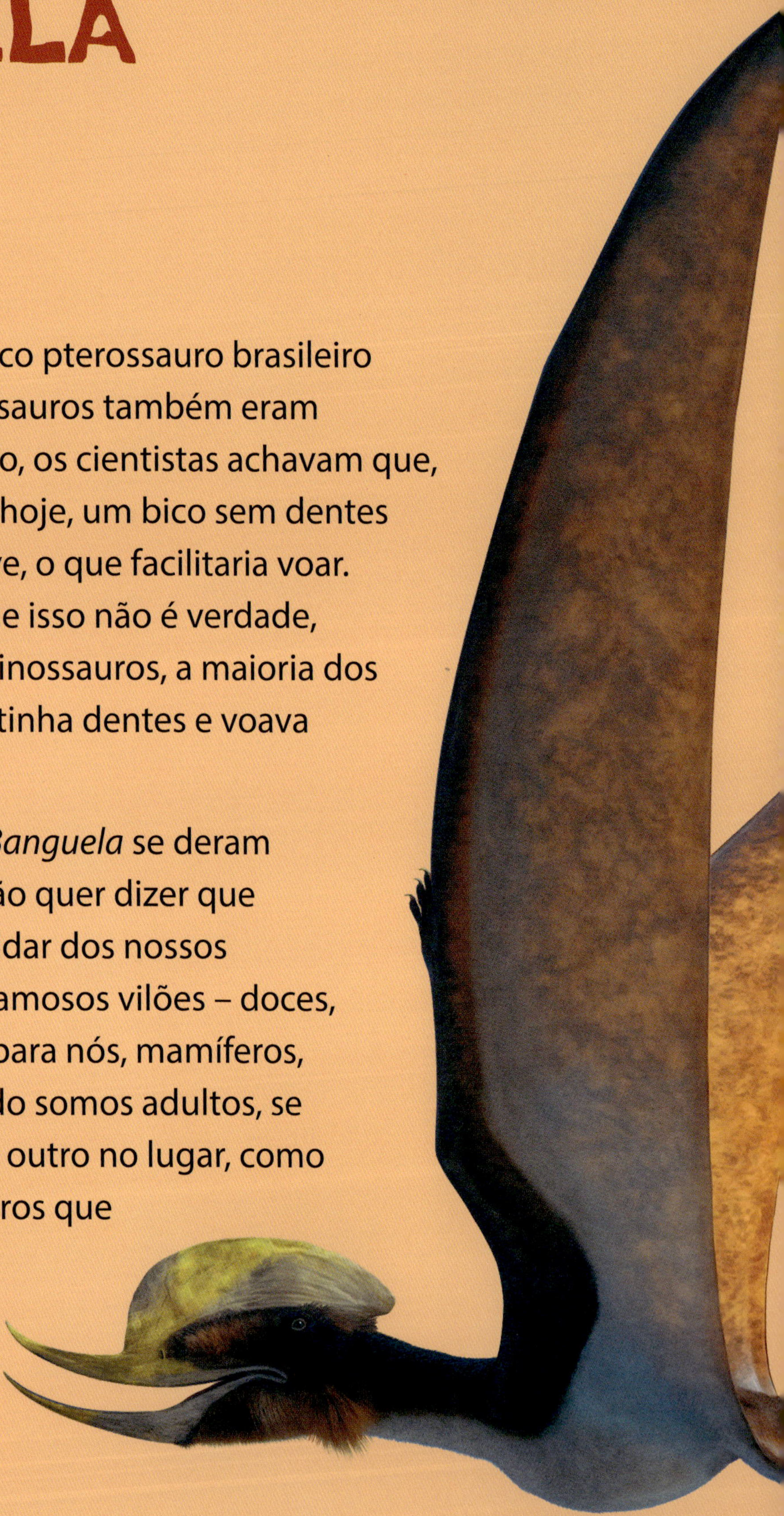

Nome científico

Banguela oberlii (Headden e Campos, 2014)

Significado do nome

Banguela significa "sem dentes"; *oberlii*, uma homenagem a Urs Oberli, que doou o fóssil para o Museu de História Natural de St. Gallen, na Suíça. e permitiu que fosse estudado.

Onde foi encontrado

Chapada do Araripe, Ceará

Formação geológica

Formação Romualdo

Idade

113 milhões de anos

Envergadura

3,70 metros

Além disso, das 5 mil espécies de mamíferos que conhecemos, só 22 são banguelas: algumas baleias e pangolins, os tamanduás e os ornitorrincos. Dos répteis modernos não voadores, cerca de 11,5 mil espécies conhecidas, só as tartarugas não têm dentes. Ao menos nos bichos de hoje, ser banguela não é sinônimo de sucesso.

E VOCÊ? JÁ ESCOVOU OS DENTES HOJE?

CAUPEDACTYLUS YBAKA

Uma marca encontrada em um dos ossos da cabeça do *Caupedactylus* revelou que ele estava doente. Era uma pequena infecção que talvez lhe causasse alguma dor. Nada sério. Ele pode até ter morrido por outro motivo. Ninguém sabe.

Doenças são tão antigas quanto a vida. Um defeitinho genético aqui, uma bactéria ali, um vírus cá, um fungo lá, um parasita acolá, e pronto: algo doía ou deixava o bicho desanimado. Bastava estar vivo para ficar doente. Adoecer sempre fez parte da vida.

Nome científico
Caupedactylus ybaka (Kellner, 2013)

Significado do nome
Caupe, do tupi, se refere à "deusa da beleza", e *dactylus* significa "dedo"; *ybaka*, do tupinambá, quer dizer "moradia no céu".

Onde foi encontrado
Chapada do Araripe, Ceará

Formação geológica
Formação Romualdo

Idade
113 milhões de anos

Envergadura
3,30 metros

Só que, milhões de anos atrás, não existiam médicos nem hospitais, ou vacinas, e o jeito era esperar melhorar. Dar um tempo, beber bastante água e descansar até podia ajudar. Se nada funcionasse, o jeito era deixar a vida passar.

O FATO É QUE BICHOS PRÉ-HISTÓRICOS TAMBÉM ADOECIAM.

TUPUXUARA DELIRADAMUS

Exímios pescadores se preparavam para a primeira refeição do dia. **O CARDÁPIO MUDAVA DE ACORDO COM A ÉPOCA DO ANO.** Na curta temporada de tempestades, os ventos lançavam ao mar nuvens de insetos e pequenos animais peçonhentos.

Nome científico

Tupuxuara deliradamus (Witton, 2009)

Significado do nome

Tupuxuara é uma referência a um espírito familiar da mitologia tupi; *deliradamus*, que significa "diamante louco", tem relação com a forma e o tamanho da cavidade localizada na frente dos olhos.

Onde foi encontrado

Chapada do Araripe, Ceará

Formação geológica

Formação Romualdo

Idade

113 milhões de anos

Envergadura

3,80 metros

Baratas, grilos, moscas, libélulas, borboletas, mariposas, formigas, abelhas, aranhas e escorpiões atraíam à praia imensos cardumes de peixes famintos. Trezentos metros acima, o *Tupuxuara* aguardava o momento certo para atacar.

A PESCARIA PODIA COMEÇAR.

TUPUXUARA LONGICRISTATUS

Às vezes, era o pterossauro que se tornava um banquete. Depois de vencido em uma luta, atacado por um dinossauro irritado ou conformado com a hora de partir, caso nenhum carniceiro o devorasse, seu corpo sem vida tinha destino certo... o fundo do mar Romualdo.

Enxurradas o carregavam até um rio, que o lançava à praia, de onde era levado ao mar pelas correntes marinhas. Pelo caminho, ainda na parte rasa e iluminada, centenas de peixinhos devoravam os 15 quilos de carne acumulados ao longo de exatos dez anos de vida.

Nome científico

Tupuxuara longicristatus (Kellner e Campos, 1988)

Significado do nome

Tupuxuara é uma referência a um espírito familiar da mitologia tupi; *longicristatus* diz respeito à longa crista dessa espécie.

Onde foi encontrado

Chapada do Araripe, Ceará

Formação geológica

Formação Romualdo

Idade

113 milhões de anos

Envergadura

2,60 metros

ESQUISITO, MAS O TUPUXUARA MORREU NO DIA DO SEU ANIVERSÁRIO!

Carne de pterossauro devia ter gosto forte, como o das aves marinhas que hoje se alimentam de peixe e que gente não gosta de comer. Para os peixinhos, aquele era o dia da vingança. Ao longo de toda a sua vida, o *Tupuxuara longicristatus* consumiu cerca de 5 toneladas de peixe. Eram os avós, pais, irmãos e irmãs, tios e tias, primos e primas daqueles que, dessa vez, se banqueteavam no mar.

KARIRIDRACO DIANAE

Acredite se quiser, os pterossauros tinham o corpo revestido de plumas e nos pareceriam fofos e dóceis. Eram penas simples, naquele tempo comuns em dinossauros não voadores e até mesmo nas primeiras aves.

AS PENAS ERAM UMA HERANÇA DE RÉPTEIS AINDA MAIS ANTIGOS E DESCONHECIDOS, ANCESTRAIS DOS PTEROSSAUROS E DINOSSAUROS.

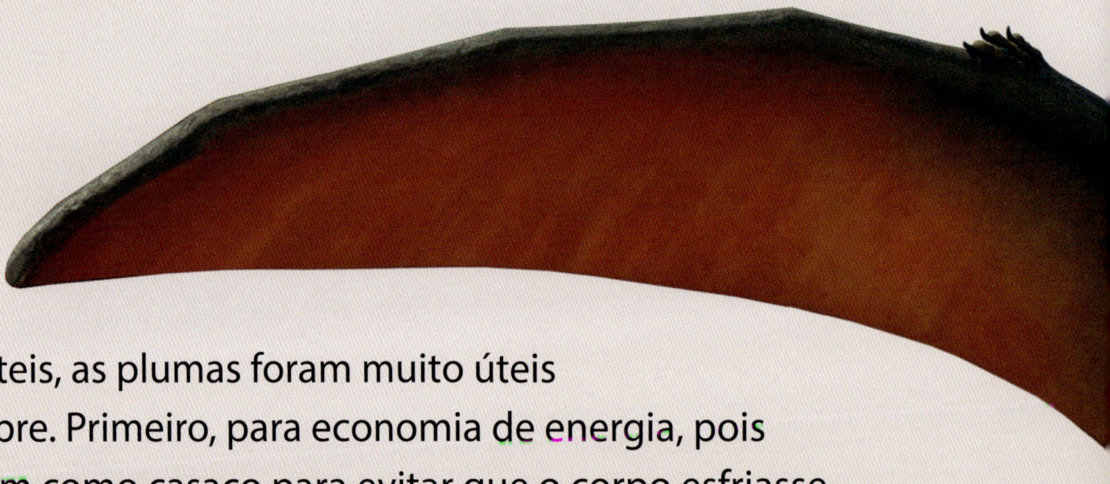

Para os répteis, as plumas foram muito úteis desde sempre. Primeiro, para economia de energia, pois funcionavam como casaco para evitar que o corpo esfriasse. Logo, foram usadas também como camuflagem, um disfarce tanto para caçar como para enganar predadores. E, claro, para namorar, pois cores, pintas e listras chamavam a atenção de parceiros. Só bem mais tarde, os dinossauros aprenderam a usá-las para voar.

Nome científico
Kariridraco dianae (Cerqueira et al., 2021)

Significado do nome
Kariri, uma referência aos kariris, antigos povos indígenas que habitavam a região do planalto do Araripe, e *draco*, do latim, "dragão"; *dianae*, alusão a Diana Prince, *alter ego* da personagem fictícia Mulher Maravilha da DC.

Onde foi encontrado
Chapada do Araripe, Ceará

Formação geológica
Formação Romualdo

Idade
113 milhões de anos

Envergadura
2,30 metros

No início das manhãs de inverno, antes de partir para a pescaria, o *Kariridraco* aproveitava os primeiros raios do sol para secar sua plumagem encharcada de orvalho.

THALASSODROMEUS SETHI

Todos os animais notavam quando o *Thalassodromeus* pousava na praia. A cabeça colorida de quase 1,5 metro anunciava sua chegada. Os outros bichos pareciam dizer com seus gritos e gorjeios: "Lá vem o exibido!". Já para os pterossauros da mesma espécie, a crista dizia: "Cheguei chegando, dê o fora!".

A enorme crista oca tinha ainda outra função: eficiente radiador. Em pleno voo, durante as pescarias, a rede de veias e artérias das paredes da crista transferia para o ar o calor do sangue, evitando que o corpo do réptil superaquecesse. Só que, naquele dia, não haveria pescaria.

NA PRIMAVERA, ALGO MARAVILHOSO ACONTECIA NO PARAÍSO...

ERA DIA DE NAMORAR.

Na praia, centenas de casais tocavam as cristas com delicadeza, abrindo em alto e bom som a temporada da reprodução.

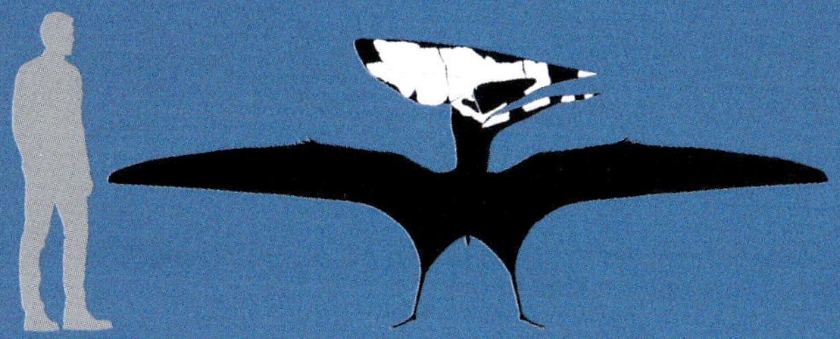

Nome científico

Thalassodromeus sethi (Kellner e Campos, 2002)

Significado do nome

Thalassodromeus quer dizer "corredor dos mares: do grego *thálassa*, "mar", e *dromeús*, "corredor"; *sethi*, referência ao antigo deus egípcio Seth.

Onde foi encontrado

Chapada do Araripe, Ceará

Formação geológica

Formação Romualdo

Idade

113 milhões de anos

Envergadura

4,20 metros

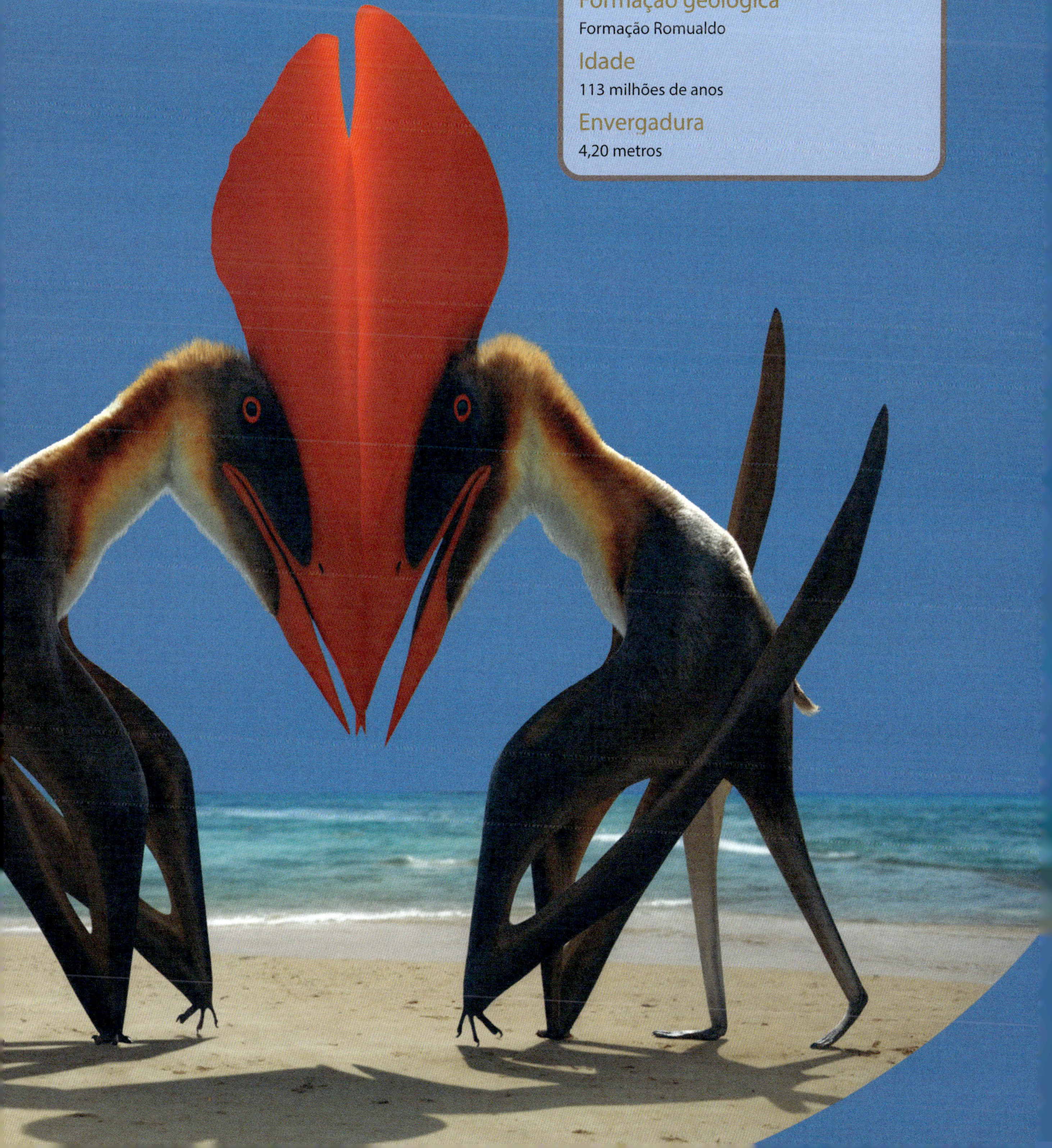

TAPEJARA WELLNHOFERI

O *Tapejara* era um animal catemeral, como são hoje o bicho-preguiça, o lobo-guará e o leão. Animais catemerais não são só diurnos ou só noturnos, mas os dois.

OS CATEMERAIS FICAM ATIVOS OU DORMEM A QUALQUER HORA DO DIA OU DA NOITE.

Dormem depois de um passeio, acordam para procurar comida, param para uma soneca, acordam para namorar, pegam no sono outra vez, levantam para fazer xixi, e por que não mais uma cochilada?

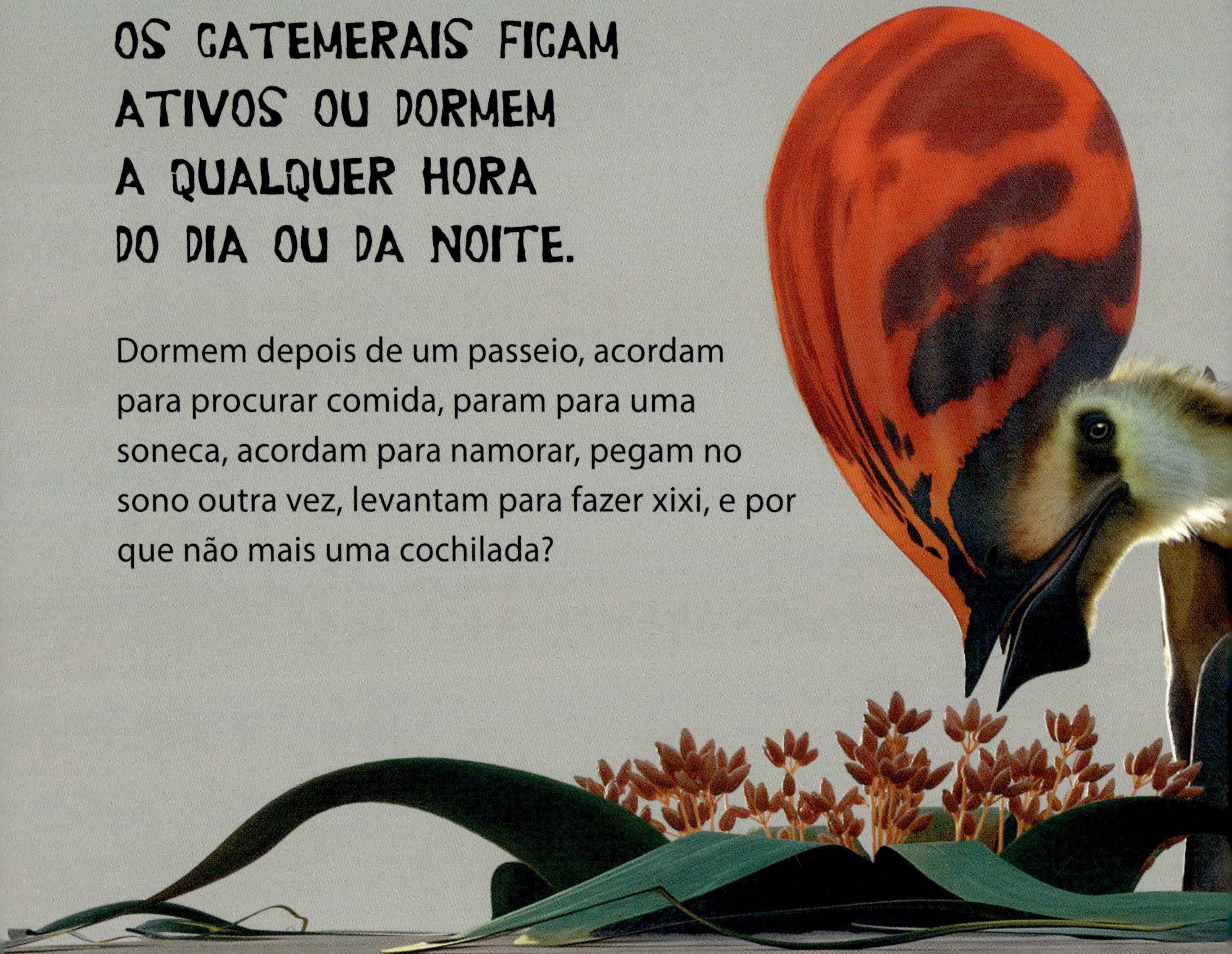

Nome científico

Tapejara wellnhoferi (Kellner, 1989)

Significado do nome

Tapejara, do tupi, significa "senhor dos caminhos"; *wellnhoferi*, homenagem ao paleontólogo alemão Peter Wellnhofer.

Onde foi encontrado

Chapada do Araripe, Ceará

Formação geológica

Formação Romualdo

Idade

115 milhões de anos

Envergadura

1,55 metro

Essa era a vida do *Tapejara*. De dia, de noite ou de madrugada, os outros animais nunca sabiam onde ele estava ou o que fazia. Durante a madrugada, dava saidinhas sossegado, pois não havia tanta disputa pelas frutas e sementes. Era uma boemia no Cretáceo, o melhor mundo que já existiu para os seres vivos.

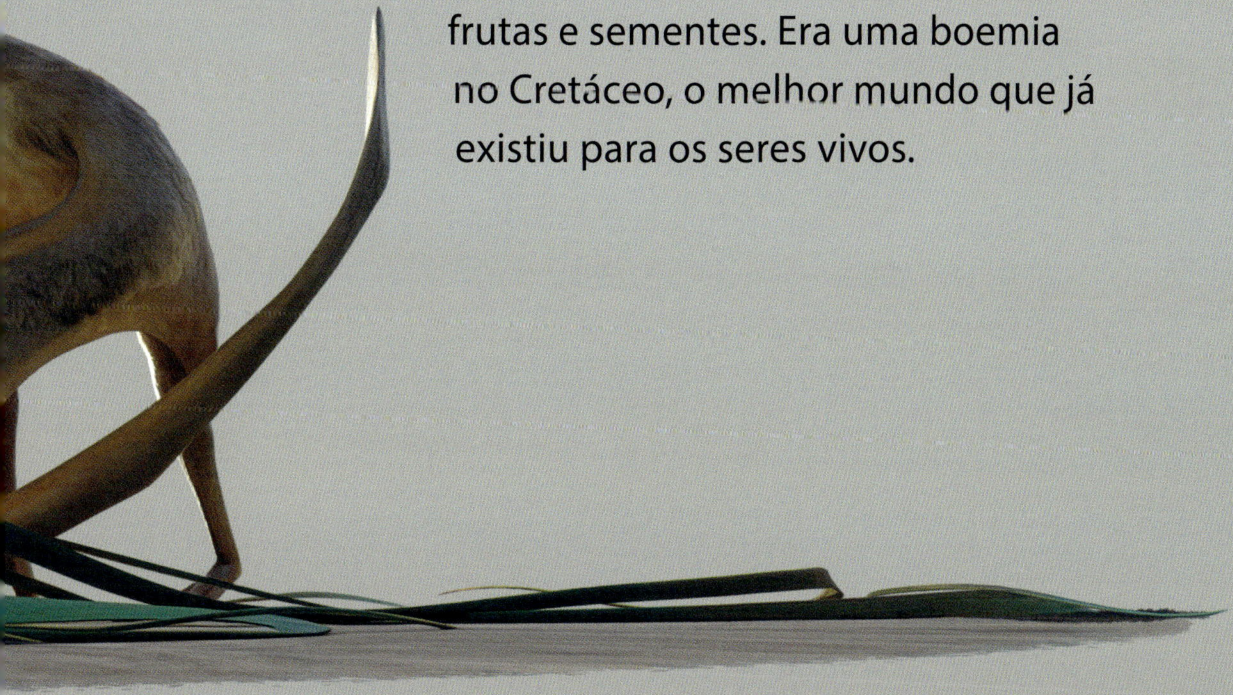

O DESERTO GOIOERÊ (PARANÁ)

Por vezes, jardins do Éden também eram assolados por calamidades. A chuva não caiu, surpreendendo milhares de pterossauros que durante centenas de milhares de anos chegavam à região, no encontro anual, para criar seus filhotes.

KERESDRACON VILSONI

O esqueleto do *Keresdracon* foi encontrado na mesma camada onde estavam milhares de ossos de esqueletos do pterossauro *Caiuajara*.

FOI A PRIMEIRA VEZ QUE ESQUELETOS DE PTEROSSAUROS DE ESPÉCIES DIFERENTES FORAM DESCOBERTOS EM UMA MESMA CAMADA DE ROCHA.

Lá estavam também os ossos dos dinossauros *Vespersaurus* e *Berthasaura*, e do lagarto *Gueragama*. Eles provavelmente viviam na mesma região, o deserto Goioerê, onde hoje fica o Estado do Paraná. Como só um esqueleto do *Keresdracon* foi encontrado em meio a tantos outros, é possível que fosse um pterossauro de hábito solitário. Com seu focinho longo e desdentado, caçava pequenos animais, mas não dispensava a carne de animal morto, o que faria dele um carniceiro casual.

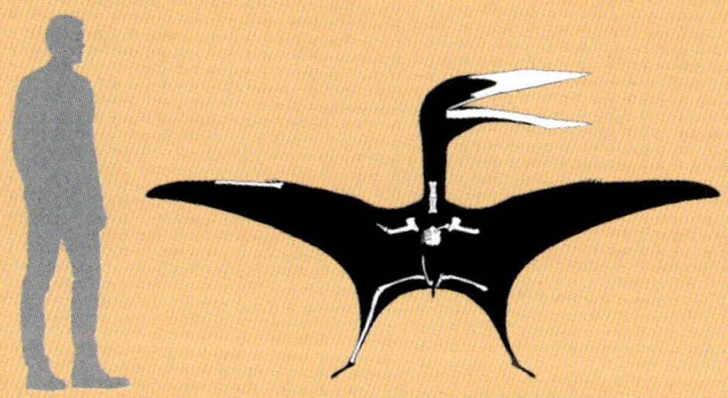

Nome científico

Keresdracon vilsoni (Kellner et al., 2019)

Significado do nome

Keresdracon é uma combinação de *Keres*, os espíritos que personificavam a morte violenta na mitologia grega, e *drakon*, do grego antigo, que significa "dragão" ou "enorme serpente"; *vilsoni*, uma homenagem a Vilson Greinert, um voluntário que preparou a maior parte dos exemplares do "cemitério" dos pterossauros abrigado no Centro de Pesquisa Paleontológica da Universidade do Contestado (Cenpaleo), da cidade de Mafra (SC), e na cidade de Cruzeiro do Oeste (PR).

Onde foi encontrado

Cidade de Cruzeiro do Oeste, Paraná

Formação geológica

Formação Goioerê

Idade

Período Cretáceo, 100 milhões de anos

Envergadura

3 metros

A vida nunca é fácil em um deserto, onde são comuns animais oportunistas capazes de comer qualquer coisa, como fazem hoje as hienas-castanhas e os chacais-de--dorso-preto no deserto do Namibe, na África.

CAIUAJARA DOBRUSKII

Ao contrário do *Keresdracon*, o *Caiuajara* era um animal social e vivia em colônias com centenas, se não milhares, de indivíduos adultos e jovens. Ninguém sabe ao certo o que faziam no deserto Goioerê, pois o *Caiuajara* era herbívoro e nenhum fóssil de planta foi encontrado naquelas rochas.

COMO TODOS OS ESQUELETOS FORAM ENCONTRADOS EM ROCHAS DE UM ANTIGO LAGO, E MUITOS DELES DE INDIVÍDUOS JOVENS, É QUASE CERTO QUE ESTIVESSEM POR LÁ EM BUSCA DE ÁGUA E PARA CUIDAR DOS FILHOTES.

Mas as chuvas não encheram o lago aquele ano, e pode ser que a colônia inteira tenha morrido de sede. Essa foi uma das maiores tragédias ocorridas com animais na pré-história do Brasil.

Nome científico

Caiuajara dobruskii (Manzig et al., 2014)

Significado do nome

Caiuajara é uma combinação de Caiuá, uma referência às rochas do grupo geológico Caiuá, e *Tapejara*, outro pterossauro representante dos pterossauros *Tapejarinae*; *dobruskii*, homenagem a Alexandre Dobruski, que, com seu filho, João Dobruski, descobriu o sítio paleontológico em 1971.

Onde foi encontrado

Cidade de Cruzeiro do Oeste, Paraná

Formação geológica

Formação Goioerê

Idade

Período Cretáceo, 100 milhões de anos

Envergadura

2,35 metros

Anos mais tarde, quando milhares de esqueletos já estavam espalhados pelo chão, a chuva chegou forte no deserto. A enxurrada arrastou os ossos para o fundo do lago, onde se fossilizaram. Nasceu assim, 100 milhões de anos atrás, um dos mais espetaculares cemitérios de pterossauros conhecidos.

TORUKJARA BANDEIRAE

Torukjara é a terceira espécie de pterossauro descoberta em uma mesma camada de rocha, algo muito raro no mundo todo. Provavelmente, aquele era um lugar especial, um tipo de oásis onde diferentes espécies se reuniam anualmente em busca de água ou mesmo para roubar ovos ou filhotes que lhes serviam de alimento.

Na cidade de Cruzeiro do Oeste, no norte do Paraná, fica um dos maiores cemitérios de pterossauros do período Cretáceo. Lá existe ainda um lindo museu onde podemos ver de perto os fósseis verdadeiros dos animais que viveram naquela região cerca de 100 milhões de anos atrás, incluindo três espécies de pterossauros, dois dinossauros e um pequeno lagarto.

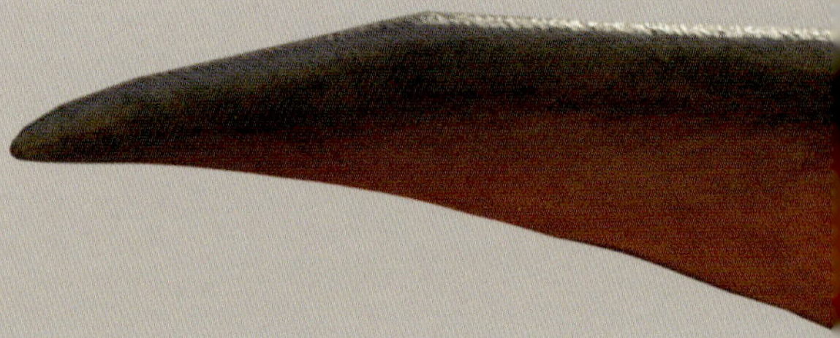

QUE TAL VISITAR ESTE TESOURO DA NOSSA PRÉ-HISTÓRIA NAS PRÓXIMAS FÉRIAS?

Nome científico

Torukjara bandeirae (Pêgas, 2024)

Significado do nome

Torukjara é uma combinação de *Toruk*, uma referência ao nome de um humanoide fictício da saga cinematográfica Avatar, e *jara*, do Tupi, "senhor"; *bandeirae* é uma homenagem à paleontóloga carioca Kamila Bandeira, que percebeu que várias espécies de tapejarídeos poderiam estar representados nas rochas da Formação Goio-Erê.

Onde foi encontrado

Cidade de Cruzeiro do Oeste, Paraná

Formação geológica

Formação Goioerê

Idade

Período Cretáceo – 100 milhões de anos

Envergadura

2,35 metros

NYCTOSAURUS LAMEGOI

Este pterossauro é conhecido por um pedaço de osso do braço, o úmero. O formato desse osso lembra um machado, no qual a lâmina corresponde a uma cicatriz do músculo que se ligava ao osso do peito. Era com esse músculo que os pterossauros batiam as asas. Por isso, ainda que só um pequeno pedaço tenha sido encontrado, temos certeza de que pertenceu a um pterossauro.

Esse úmero descoberto no Brasil tem forma parecida com a de uma espécie descoberta em rochas de mesma idade nos Estados Unidos, o *Nyctosaurus gracilis*. Por essa razão, o paleontólogo que o descobriu achou que um *Nyctosaurus* viveu também no Brasil, só que de que uma espécie diferente, *Nyctosaurus lamegoi.*

Mas o que chama a atenção neste pterossauro é sua crista. Ela lembra a galhada de um cervo e provavelmente não tinha uma membrana como a do *Tupandactylus*. Ela crescia à medida que o *Nyctosaurus* ficava adulto, e funcionava como um sinal de maturidade e saúde para a colônia.

QUEM TIVESSE A CRISTA MAIOR TERIA MAIS SUCESSO PARA ACASALAR E CRIAR OS FILHOTES.

Nome científico

Nyctosaurus lamegoi (Price, 1953)

Significado do nome

Nyctosaurus significa "lagarto da noite" ou "lagarto morcego", porque suas asas lembram as de um morcego; *lamegoi*, uma homenagem ao geólogo Alberto Ribeiro Lamego

Onde foi encontrado

Nas margens do rio Gramame, na Paraíba

Formação geológica

Desconhecida

Idade

Período Cretáceo – 88 milhões de anos

Envergadura

4 metros

Ao longo de 150 milhões de anos, os pterossauros habitaram desertos, florestas, praias, rios e lagos de todo o mundo. Durante esse tempo, assistiram ao nascimento dos oceanos e dos continentes onde vivemos, enfrentaram mudanças da geografia, do clima e da biologia. De pequenos voadores de 1 metro de envergadura, tornaram-se os maiores animais que já voaram sobre a face da Terra.

Porém, 65,5 milhões de anos atrás, um visitante alienígena surpreendeu a todos. Viajando a 20 quilômetros por segundo, um asteroide de 10 quilômetros de diâmetro e 1 trilhão de toneladas caiu nas águas rasas de um mar da região tropical, causando uma explosão espetacular. Nas 24 horas seguintes, a Terra passou pelo pior dia da sua história e, como muitos outros animais, os pterossauros desapareceram para sempre.

Nesta cena, gigantes Azhdarchídeos de 12 metros de envergadura e 7 de altura vivem seus últimos minutos. Dentre os animais nesta imagem, somente as aves e os mamíferos sobreviverão.

ÍNDICE DE PTEROSSAUROS

Julio Lacerda Cavalcante, designer gráfico e ilustrador, ingressou na paleoarte ainda jovem, aos 17 anos. Almejando aliar a liberdade da reconstrução de animais extintos com a essência do naturalismo presente em documentários sobre a vida selvagem, busca representar dinossauros como seres vivos complexos e realistas em aparência e comportamentos, protagonizando cenas corriqueiras. Suas ilustrações já foram publicadas e expostas em diversos países, como Japão, Reino Unido e Estados Unidos. Amante da natureza e assíduo viajante, Julio procura ao ar livre a inspiração para suas obras.